科学万花筒

幼儿趣味小百科

天气

英国尤斯伯恩出版公司　编著
谢　沐　译

接力出版社
Publishing House

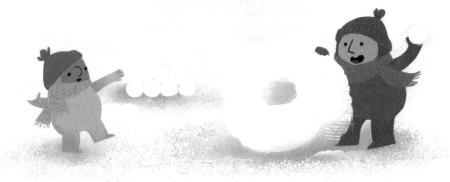

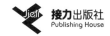

桂图登字：20－2023－177

Lots of things to know about weather

First published in 2023 by Usborne Publishing Limited, England.

图书在版编目（CIP）数据

天气 / 英国尤斯伯恩出版公司编著 ； 谢沐译 .
南宁 ：接力出版社，2024. 8. --（科学万花筒）.
ISBN 978-7-5448-8672-7

Ⅰ. P44-49

中国国家版本馆 CIP 数据核字第 2024RD3022 号

科学万花筒·天气

KEXUE WANHUATONG · TIANQI

责任编辑：姜竹　　美术编辑：杜宇
责任校对：高雅　　责任监印：郭紫楠　　版权联络：闫安琪
出版人：白冰　雷鸣
出版发行：接力出版社　　社址：广西南宁市园湖南路9号　　邮编：530022
电话：010-65546561（发行部）　　传真：010-65545210（发行部）
网址：http://www.jielibj.com　　电子邮箱：jieli@jielibook.com
印制：河北尚唐印刷包装有限公司　　开本：889毫米×1194毫米　1/16
印张：4.25　　字数：41千字　　版次：2024年8月第1版　　印次：2024年8月第1次印刷
定价：30.00元

审图号：GS（2024）3666号

目录

特别感谢

感谢埃米莉·博恩对本书文字的贡献，
卡蒂娅·盖加洛娃对本书图画方面的贡献，
凯蒂·韦伯、利兹·怀特在本书设计方面的帮助，
罗杰·特伦德博士对本书内容的审订。

你知道有史以来最大的冰雹，比一个成年人的脑袋还大吗？
听起来很神奇的样子。可什么是冰雹呢？
如果你一直读下去就能找到答案。你可以翻到第60页的“知识加油站”去查这个词的意思。遇到不懂的词，你都可以去这页查看。

雨水闻起来甜甜的

你闻到过雨后清新怡人的气味吗？你可能永远也猜不到这是怎么一回事……

这种气味实际上是土壤中的细菌产生的。

土壤中的细菌能分解出有好闻气味的化学物质。雨滴降落到干燥的土壤中，会产生很多的气泡，气泡随风扩散，也就将这种气味带到了空气中。

雨水香水
气泡从土壤里冒出来，空气中弥漫着潮湿泥土的香气。

这种气味有个名字——潮土油。它的气味令人感到愉悦，因此，很多香水制造商会将它加入香水中。

海风一阵阵

白天，风从海上吹过来。

1.在阳光的照射下，陆地比海洋升温更快。

2.陆地上的空气受热后体积膨胀，变轻而上升。

3.这就使海面上的气压升高，凉爽的空气从海洋吹向陆地，形成海风。

到了晚上，风向发生了变化。
1.太阳落山后，海面的温度基本不变，但陆地开始降温。
2.海面上的空气上升。
3.陆地上降温后的空气迅速吹向海洋，也会刮起大风。
太清新了!
要我说，这儿有点儿冷了!
所以说，海洋能改变天气喽?
没错！海洋只要有一点点变暖，就能引起很多极端的天气变化。这会导致陆地上刮起强风。

百万动物因天气迁徙

成群的角马生活在非洲大草原上。它们的目标只有一个——草！

每年的11月到来年4月，坦桑尼亚的塞伦盖蒂平原水草丰美。角马和其他食草动物在这里生活。但不下雨的时候，这里会非常干旱。

为了生存，角马群要去雨水充沛、绿草鲜嫩的地方。为此，它们不惜长途奔波。

斑马、瞪羚和其他动物也会跟着角马一起迁徙。

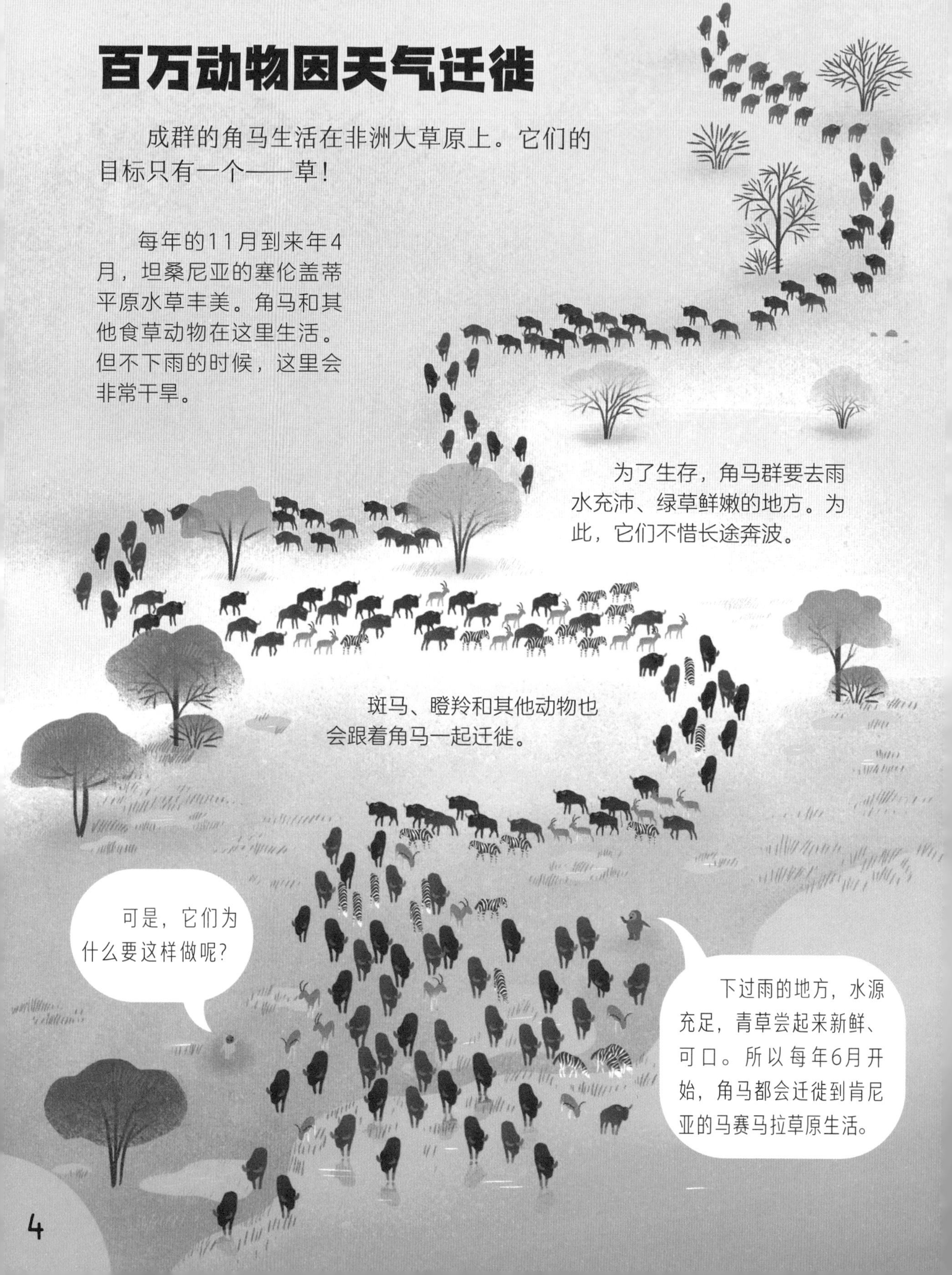

可是，它们为什么要这样做呢？
下过雨的地方，水源充足，青草尝起来新鲜、可口。所以每年6月开始，角马都会迁徙到肯尼亚的马赛马拉草原生活。

风其实没有声音

大风天外出时，你很难相信风不会发出任何声音。但事实就是这样。

你感觉有点儿吵，那只是因为风吹到了其他东西——甚至包括你的耳朵。

呼呼！
声音真挺大的！
没错！树枝和树叶迎风摆动，也让噪声变得更大了！
丁零零！
嘭！

月虹

下雨天或艳阳天，你可能会见到彩虹。可你知道吗？太阳落山后，还可能会出现月虹。

噢，太美了！这是怎么一回事？
太阳光照射到雨后空气中的小水滴，发生折射或反射，就形成了彩虹。到了夜晚，月光照射在雾气或水滴上，同样也能形成月虹。

观测指南

这里还有更多非同寻常的“彩虹”。

雾虹——由雾引起的白色“彩虹”。

双彩虹，也就是在彩虹之上，还有一道彩虹……

它俩的颜色顺序刚好相反。

每一道月虹和彩虹的颜色都是这样的顺序：红橙黄绿蓝靛紫。

想要看到月虹或彩虹，你需要背对着月亮或者太阳。

云层上空，挂着一道倒彩虹。

圆形彩虹

所有彩虹、月虹都是圆形的，但除非你在特别高的地方，比如飞机上或者山顶上，否则你看不到它们的全貌。

读云

你知道吗？通过研究云，就能预测天气。仔细观察，你会发现不同种类的云。每种云都有自己的名字，所代表的意思也各不相同。

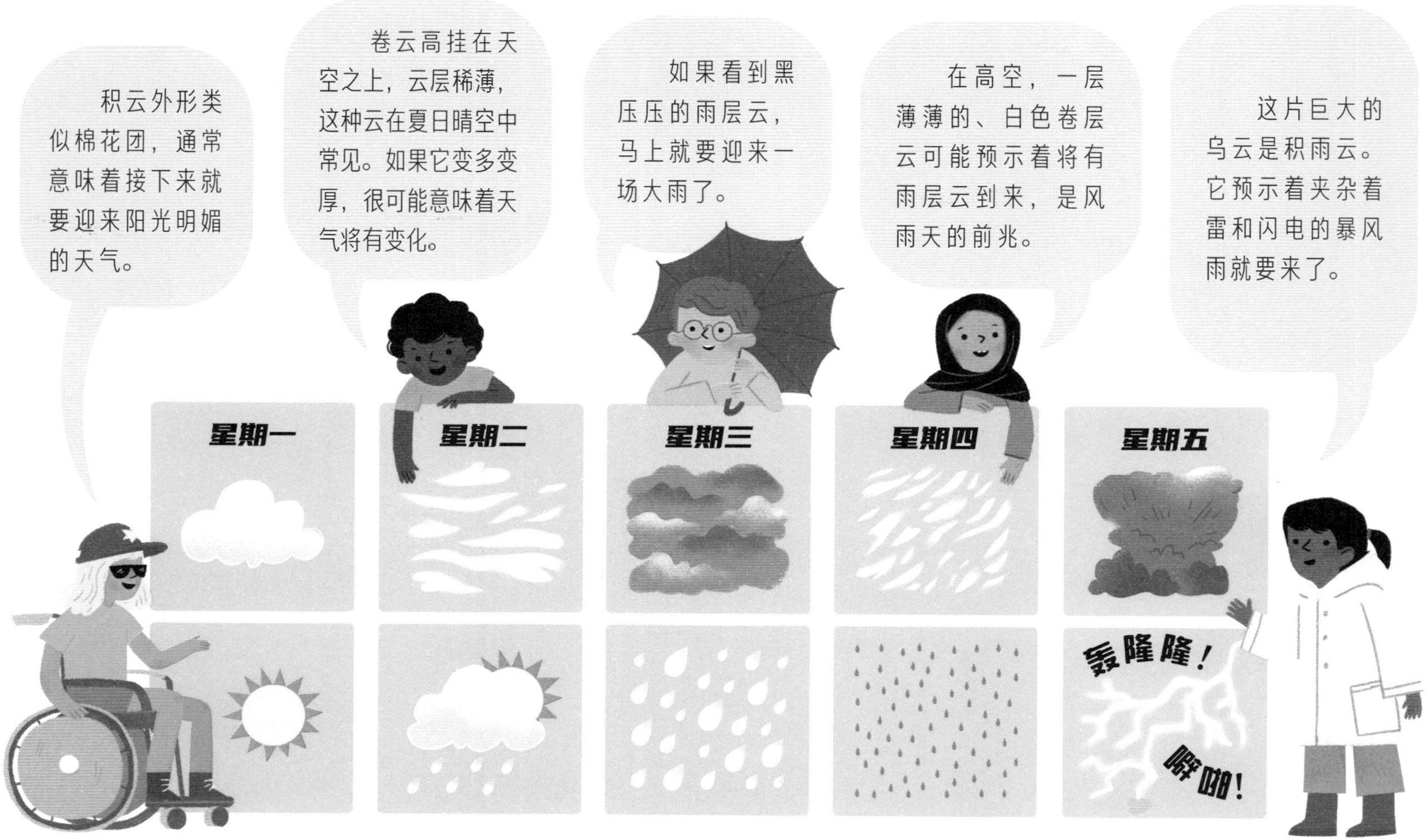

积云外形类似棉花团，通常意味着接下来就要迎来阳光明媚的天气。
卷云高挂在天空之上，云层稀薄，这种云在夏日晴空中常见。如果它变多变厚，很可能意味着天气将有变化。
如果看到黑压压的雨层云，马上就要迎来一场大雨了。
在高空，一层薄薄的、白色卷层云可能预示着将有雨层云到来，是风雨天的前兆。
这片巨大的乌云是积雨云。它预示着夹杂着雷和闪电的暴风雨就要来了。
星期一
星期二
星期三
星期四
星期五
轰隆隆！
噼啪！

有些云真的特别少见。它们只有在特殊情况下才会出现。

乳状云是在积雨云下方形成很多突起的云。它们通常在大暴雨前后出现。

斗笠云看起来就像飞碟或斗笠。它是积云经过山顶上空时，受到上升气流和高空平移气流的夹击而形成的。

穿洞云是云中的一部分水滴凝结落下形成的。飞机从云层中穿过时，使机身周围云中的小水滴凝结成雪花或雨滴，它们落下后形成了圆洞。看起来，云层就像是被谁打了一拳似的。

有些云甚至看起来像波浪，这是由于风速不同导致的。

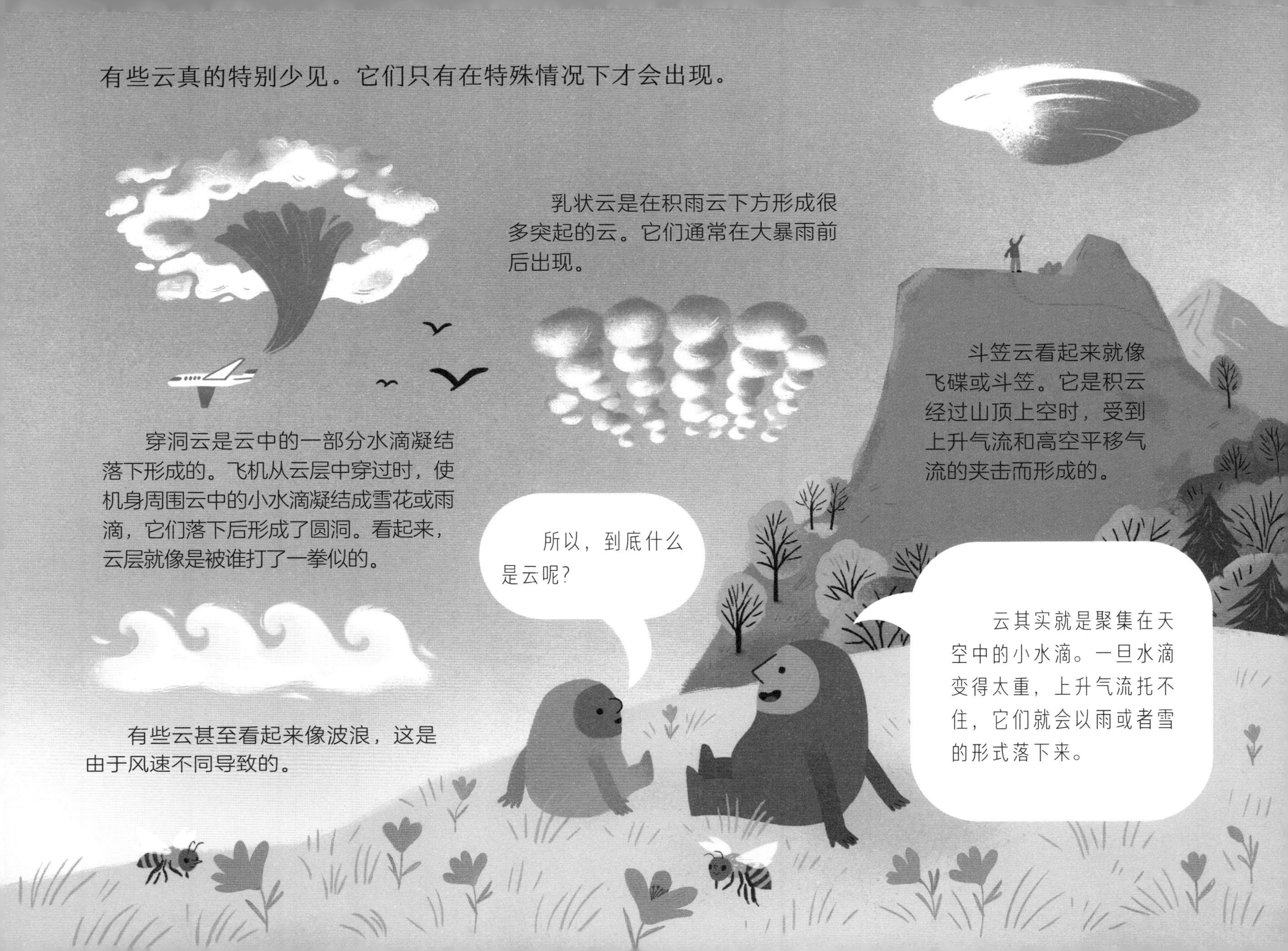

所以，到底什么是云呢？
云其实就是聚集在天空中的小水滴。一旦水滴变得太重，上升气流托不住，它们就会以雨或者雪的形式落下来。

以前的冬天特别、特别冷

大约500年前，世界上一些地方的冬天会格外冷。很多河流会连续结好几周冰。人们在结冰的泰晤士河上举办令人兴奋的集市活动——冰冻集市。

来张肉饼吧！
卖热巧克力喽！
哟呵！
让我带你们来一场奇妙之旅吧！

1814年，成千上万的人欢聚在厚实的冰面上，一起享受最后一届冰冻集市。

渔民给他们的船安上轮子，供人们搭乘。

就连国王和王后也会来集市。
殿下！
噢！
在这次的集市上，人们看到一头大象在冰面上走动。
它该不会把冰层踩破了吧?!
后来天气转暖，冰开始融化，集市也就结束了。
当心！
这是裂了吗?
为什么变得这么冷?
太阳活动减弱、火山频繁爆发以及地球轨道变化等多种因素导致地球上的气候变冷。

虫子知冷暖

在没有温度计的野外，你也能推断有多热。只要你有一只蟋蟀！

就这么来做。首先，找到一只雄蟋蟀和一个计时器。接下来，数数8秒内这只蟋蟀叫了几次，然后用这个数字加上5，就是摄氏温度啦。
所以，叫了20次，加上5，那就是25摄氏度！
想要知道华氏温度——数数14秒内叫的次数，然后加上40就行啦。
叫了45次，加上40，就是85华氏度！
蟋蟀发出的叫声，是翅膀边缘粗糙的地方相互摩擦产生的，是这样吗？
是的！它们需要太阳的热量来维持身体运转。天气越热，它们的身体动得就越快，叫声也就越多！不过，受周围环境影响，这样推算出的温度只能是个大概数据。

虫子温度计

很多虫子的行为方式会随着冷热的变化而发生相应的改变。这里有一些可以帮你判断气温高低的虫子。

°F 100 90 80 70 60 50 40 32

°C 40 35 30 25 20 15 10 5 0

这个温度对于大多数虫子来说都太热了——它们会找地方乘凉。

蟑螂四处蹿。

蝉在唱歌。

蚂蚁出洞，蝴蝶在飞。

蜜蜂飞来飞去。

对大多数虫子来说，这个温度太低了。

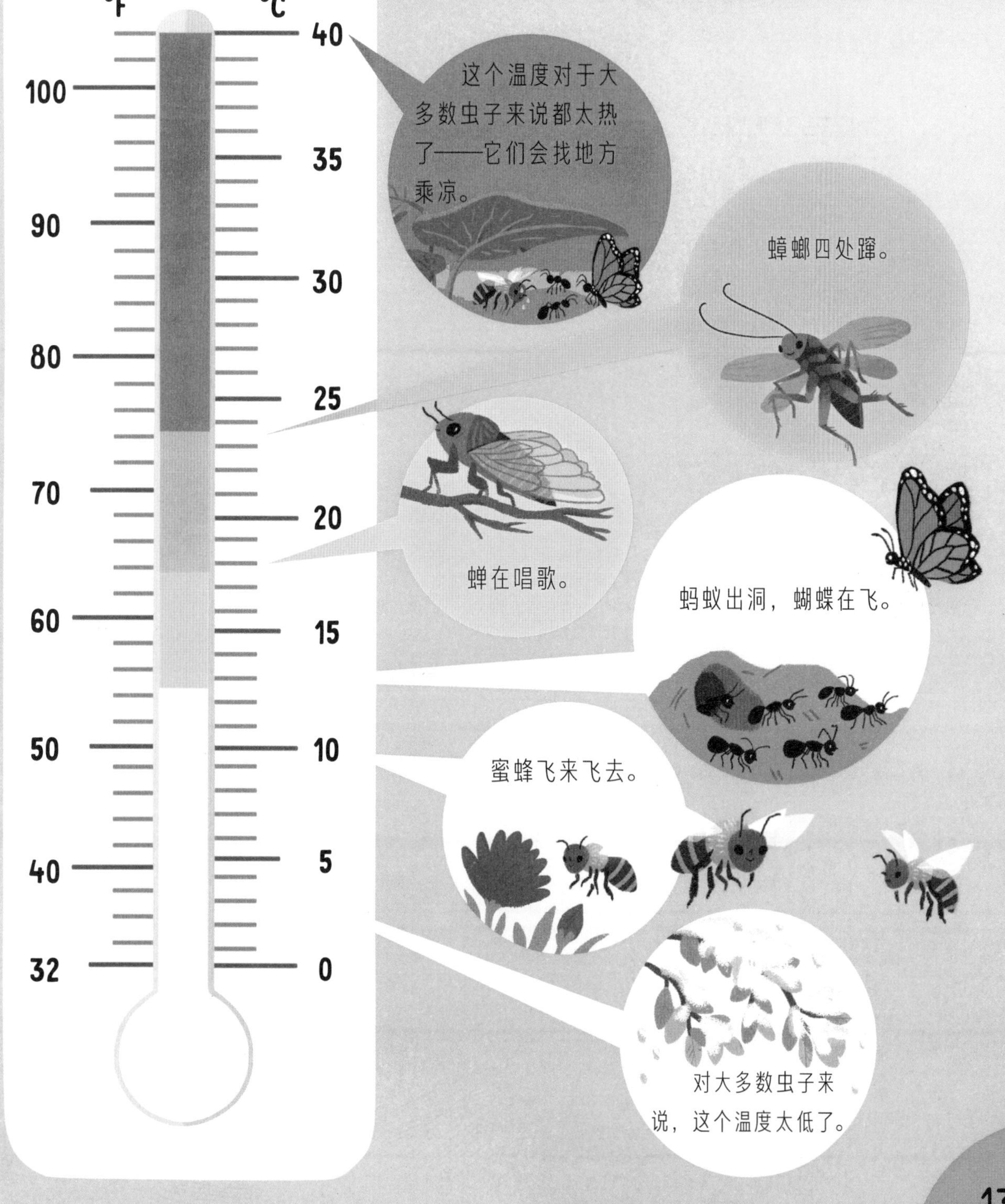

特大风暴都有自己的名字

全球海洋每年都会出现强热带气旋。每场强热带气旋都有自己的名字，但发生地不同，命名也遵循着不同的规则。

发生在大西洋的热带气旋通常称为飓风。在这一区域的公众会把取名的建议寄给气象学家们。

气象学家们每年会通过一批名字，按英文字母顺序排列。通常是女孩和男孩的名字轮流命名。

热带气旋会造成极大的破坏。有了名字，记者和应急服务部门就能更好地对即将到来的气象灾害向人们发出警告。
飓风从海上袭来，直冲陆地。从太空看，就像一团巨大的漩涡云。
中间的小洞叫作飓风眼。它是风暴中的平静地带。
艾米莉亚将于9月2日登陆！
这张图展示了从太空中看到的飓风模样。
发生在北太平洋西部风力达12级或以上的热带气旋常被称为台风，遵循另一套命名规则。

保证不下雨

来一次不会下雨的旅行吧。跟着我们，开启一场终生难忘的旅行。去世界上最干燥的沙漠！不过，那里也不是一直都很热……

我们会去以下这些地方。

要是你喜欢沙子，你一定会爱上阿拉伯沙漠。这里一整年的降雨量还不到100毫米！

亚洲，阿拉伯沙漠

美国，莫哈维沙漠

下一站，美国的莫哈维沙漠。这片沙漠地处死亡谷，神奇的是，这地方在40个月里几乎滴雨不下！

这地方太热了，是地球上最高气温的纪录保持者。56.7℃——我的天哪！

非洲，撒哈拉沙漠

更干燥了！我们的下一站是撒哈拉沙漠的中心地区，那里每年的降雨量不到1毫米。

南美洲，阿塔卡马沙漠

越来越干燥！这片沙漠真是令人难以置信，500年里竟然没下一滴雨——欢迎来到阿塔卡马沙漠！

南极洲，麦克默多干谷

这就是我们的最后一站，也是迄今为止最最干燥的地方！南极洲的麦克默多干谷在200多万年里从没下过雨。

记得戴好帽子和围巾，还要带上瓶装水。这里的气温从没超过-14℃——哎哟哟哟！

雪能自己变成雪球

你滚过雪球吗？先攒一个小雪球，然后越滚越大，越滚越大。在风的助力下，雪也能做同样的事——不用任何人帮忙！

平地上又黏又湿的雪，在强风的吹动下卷成了卷，远远看去像个雪球。

通过雪卷滚动的痕迹，可以看出它们滚了多远。

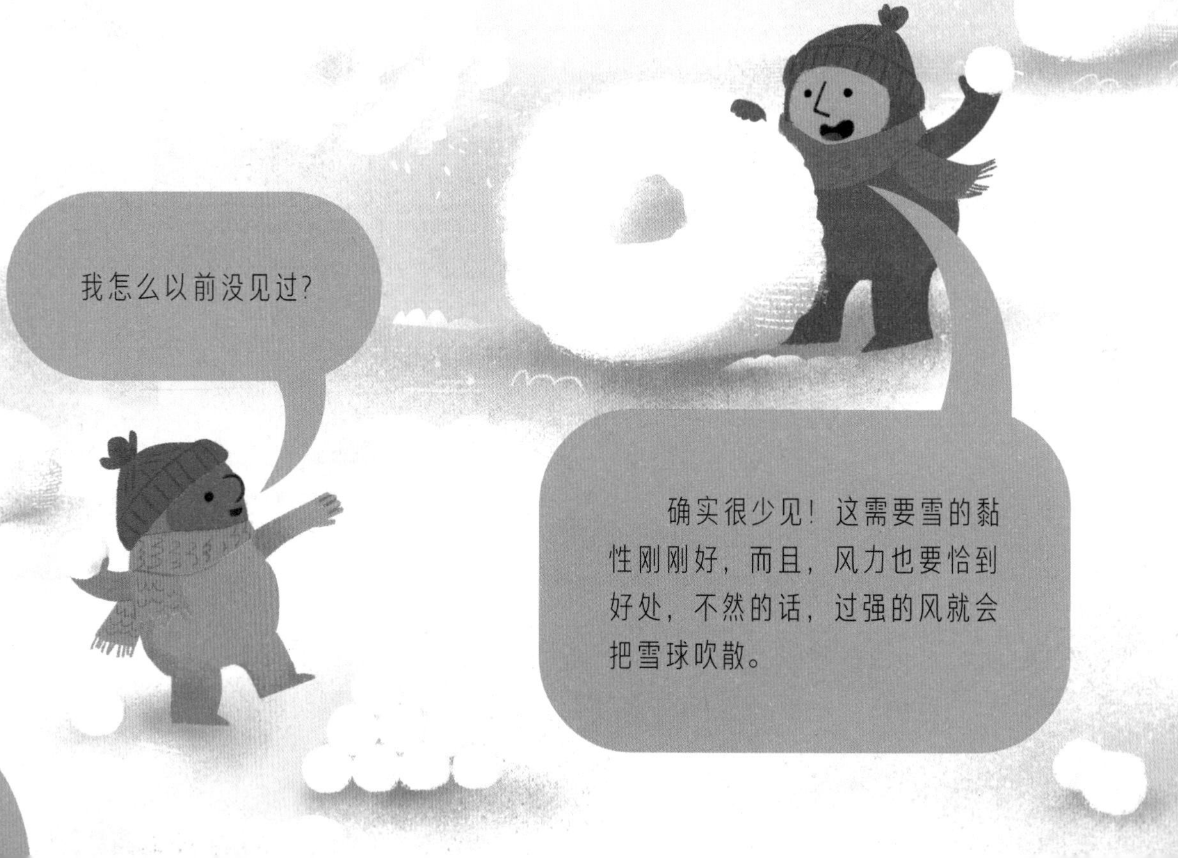

我怎么以前没见过?
确实很少见！这需要雪的黏性刚刚好，而且，风力也要恰到好处，不然的话，过强的风就会把雪球吹散。

冰能长出“头发”

冰可不仅仅是你在窗户上或者马路上看到的滑溜溜的东西。冰与一种特殊的真菌结合，会产生发丝冰这种奇特的现象。

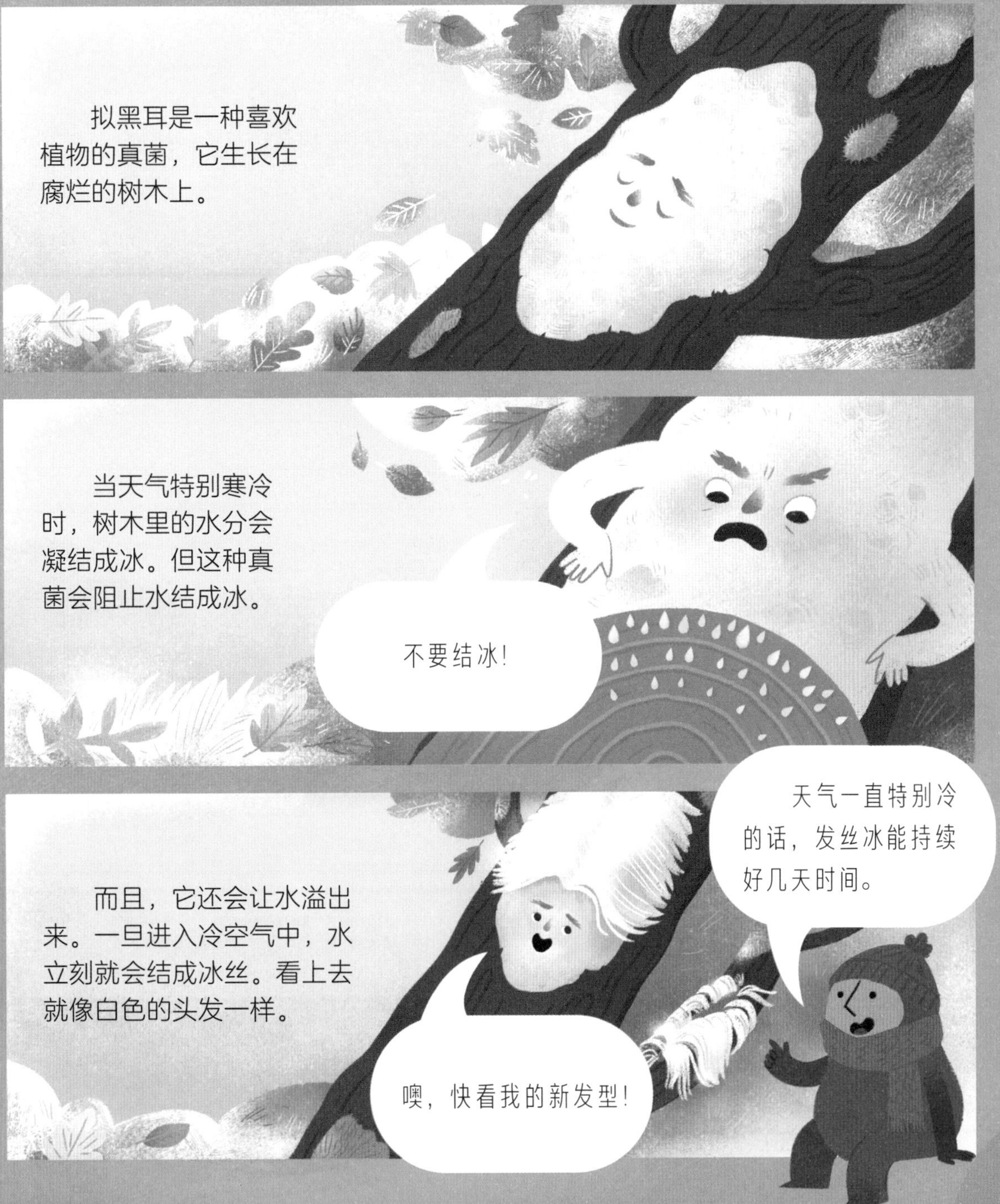

拟黑耳是一种喜欢植物的真菌，它生长在腐烂的树木上。
当天气特别寒冷时，树木里的水分会凝结成冰。但这种真菌会阻止水结成冰。
不要结冰！
而且，它还会让水溢出来。一旦进入冷空气中，水立刻就会结成冰丝。看上去就像白色的头发一样。
天气一直特别冷的话，发丝冰能持续好几天时间。
噢，快看我的新发型！

最快风速是跑车速度的三倍多

这种剧烈的、旋转的风暴叫作龙卷风。它从大片乌黑的风暴云中一直刮到地面上。

喔！龙卷风中还会有网球大小的雹块（冰球）。
天上下鱼雨啦！

龙卷风能把屋顶掀起来，

也能掀翻卡车。

有一回，龙卷风将整座房子拔地而起，卷跑了差不多有100米远，相当于一个足球场那么长！

如果龙卷风到达湖泊或河流，则会把水和水里的鱼一起给卷起来……

救命啊！龙卷风什么时候来？

它大多数发生在美国一个名叫龙卷风走廊的地方。这里就有介绍！

龙卷风走廊每年会有1000多次龙卷风。

龙卷风的最快风速能达到惊人的约480千米每小时。那次是发生在1999年5月3日，美国俄克拉荷马州的桥溪地区。

龙卷风最常出现在3月到6月的春天。

龙卷风并不都是从风暴云中形成。凶猛的野火能形成火龙卷。

遇上气温过高，过于干旱的时候，小型龙卷风会卷起沙尘，形成尘卷风。

千奇百怪的雪花

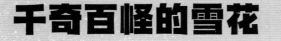

有的雪花像板子，有的像针，还有的像树枝……其实雪花有很多种形状。

云中的水滴凝结成冰晶，这时候，就形成了雪花。冷云结成的雪花形状简单。

没有两片形状完全相同的雪花。这是因为，我们每片雪花所处的温度和湿度条件不一样，冰晶各部分增长的速度也就不一样了。

暖云形成的雪花形状更复杂，也更漂亮，它们的六瓣更加分明。

暖云中有更多水滴。这些水滴冻结在雪花上，慢慢地增加了雪花瓣的长度。

雪花有这么多种形状呀！
对呀！这些雪花是典型的树枝晶形状，像树枝一样分岔。这种是板条雪花，它上面还有分支。

肆虐了300多年的风暴

除非你有一台超级大的望远镜，否则你什么都看不见。因为这发生在另一个行星上！

木星上有个巨大的风暴气旋，能吞噬整个地球。这个风暴气旋就是大红斑。

它是由类似台风的大气旋形成的，风速能达到令人难以置信的约650千米每小时。

它为什么是红色的？
气旋里的化学物质让它呈现出红色！其实，木星上的所有条纹，主要都是由不同的云和风暴形成的。

星际天气

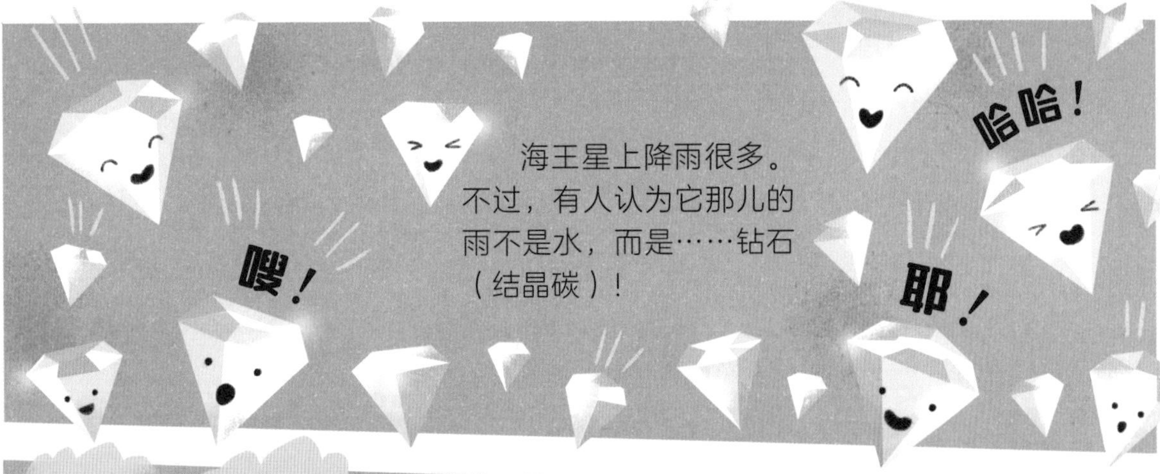
海王星上降雨很多。不过，有人认为它那儿的雨不是水，而是……钻石（结晶碳）！
嗖！
耶！
哈哈！

当心火星上的沙尘暴。沙尘暴会覆盖整个火星。

金星非常炎热。表面温度能达到约480℃——足以将锌、铅、锡等金属熔化。

木星的卫星木卫二上，气候极度寒冷，到处都覆盖了一层厚厚的冰。

城市气候

城市的气候与乡村比起来……

风更大！建筑物和狭窄的道路间刮起的风，给人感觉更猛烈。

更暖和！大楼和道路能吸收热量，让周围的空气变暖。

雨更多！热空气、灰尘和烟雾混合在一起，导致这里的云变多了。这也使得城市的雨更频繁。

哎哟，简直太热了！
要穿短裤吗？还是带上伞？
都要！

树林让天空下雨

热带雨林气候炎热，到处都是树。这里会频繁下雨。现在就来告诉你为什么。

1.热带雨林中，植物生长繁茂，许多树木长着宽大的叶子。下雨的时候，这些叶子上会收集大量雨水。
2.阳光让树叶上的雨水升温蒸发。
3.水蒸气混在空气中，让这里变得非常潮湿。
4.高温使得潮湿的空气上升。在高空冷却后，就变成了存储雨水的云。
热带雨林里还有很多植物不在地面生长，而是依附在其他树木的树枝和树干上生长。它们的根悬在空中，从空气中吸收水分和养分。

火险天气

世界上有一些地方，几个月都不会下一场雨，地面十分干燥。如果遇到大风天气，就会导致一个结果——野火。

警告！

干旱的植物特别容易着火。很多火源都能引发火灾：

机器运转的火花

没有熄灭的营火

阳光照射在碎玻璃上

闪电击中干旱的森林草原，也能引起火灾。

强风让火势更猛，蔓延的范围更广。

直升机和小型飞机洒水灭火。
嘭！

森林大火非常危险。它们一旦失去控制，会造成巨大的破坏。

不过，小火对这些地方是有利的。一些植物甚至还依赖它生长。

衰老死亡的植物会被火烧掉，为新生植物留出生长空间。

桉树上坚硬的种子荚在高温环境下裂开，种子散落到地面。

余烬同样也会滋养土壤。

雨水滋养的食物

一年之中，风随着季节变化改变风向，这就是季风。夏季，中国、印度和东南亚的部分国家，会遇到从海洋吹向大陆的季风。季风让天气变化剧烈，雨水增多，甚至会出现特大暴雨。季风带来的丰沛雨水，对农业生产十分有利。

茶树开始长出新鲜多汁的嫩叶。人们采摘树叶，将它们制成茶叶。

水稻需要在水分充足、雨水浇灌过的稻田里生长。

大雨浇灌下的水稻
雨季结束时，就到了水稻收割的时候。

雨量丰沛的地方，青草鲜嫩多汁。奶牛生活在这样的草地上，能产出味道可口的牛奶。

世界上产奶量最大的国家是印度！
高品质牛奶

酸奶

牛奶能制成酸奶和奶酪等乳制品。

奶酪

晴朗的天空是蓝色的

太阳光不仅仅是我们白天看到的黄白光。除此之外，它还包含蓝、红、橙、绿、青和紫这几种颜色的光。

当太阳光到达地球大气层时，其中蓝色的光（向四面八方）散射下来，所以天空看起来才是蓝色的。
哇，碧空如洗！

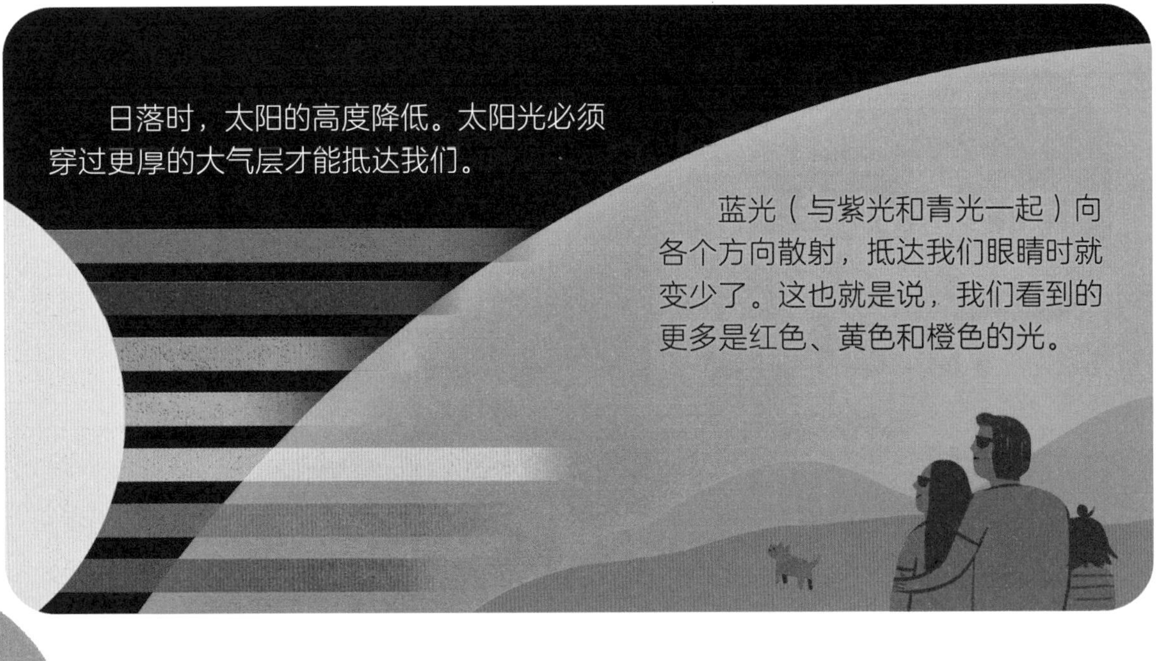

日落时，太阳的高度降低。太阳光必须穿过更厚的大气层才能抵达我们。
蓝光（与紫光和青光一起）向各个方向散射，抵达我们眼睛时就变少了。这也就是说，我们看到的更多是红色、黄色和橙色的光。

雨后的日落更明亮

大雨会冲走空气中的许多尘土和污染物，让空气变得干净透亮。所以雨后的日落看上去特别明亮，格外壮观。

云会将太阳光反射回地面，这也增加了天空的明亮度。
为什么这样漂亮的日落不是每晚都出现？
天空有云朵，空气潮湿又足够清新的情况下，我们才能看得到这样壮观的日落。

连续下一整年雨的地方

好吧，接近一整年！美国夏威夷瓦胡岛的玛诺亚维利是连续下雨最长时间的纪录保持者——在1939—1940年，这里连续下了331天雨。

夏威夷是太平洋上的一处群岛。要是住在那里，你一定很喜欢雨。因为那里的雨，下得非常频繁。原因是……

1.温暖、潮湿的空气从海面吹到山上。
2.空气中的小水滴受地形限制强烈抬升，温度开始降低。
3.最后，变成了大片的云。
最好再带上把伞！
别担心，雨会停下来的。你觉得呢？

夏威夷的环境太潮湿了，以至于在夏威夷语中，光是表达不同雨的单词就有200多个。下面就是其中的几种。

Ililani
意料之外的雨。
我穿成这样就下雨了！
Kili noe
天气炎热时，让你凉快下来的薄雾雨。
啊，舒服多了！
Kuāu
小范围无风的雨。
为什么雨总是落在我身上？
Hukihe’enehu
这种雨，代表适合钓鱼的好时候来啦。
来吧，让我们一起满“钓”而归！

红色的雨滴

有时候，云里并不只有雨。非洲撒哈拉沙漠的沙尘可以吹到几千千米以外的北欧，然后以雨滴形式落下来。

炙热的撒哈拉沙漠上满是细沙和灰尘。强风将沙尘吹到空中，形成大块的云。

风把云吹向远方。云飘过不同的国家，在天空中呈现出朦胧的黄色。

更多颜色奇怪的天气现象

北极和南极的部分地方，雪会变成粉红色。

这是因为，雪地上长着一种粉色的藻类生物。

最后，这片云在欧洲上空与厚厚的云层相互碰撞。沙尘和水滴融为一体……

变成红色的雨落到地上。

所有东西上都盖了一层橘红色的沙尘。

我看不见天和地了！发生了什么事？

这是极地特有的天气现象。当地面满是积雪而空中充满云层时，太阳光在多次反射后，就会出现乳白天空。这时候，人们很难分辨出哪里是天空，哪里是地面。

地球上最热的物体

闪电的温度是太阳表面温度的3—5倍，不过它的电能是由云团中的小冰晶、小冰粒和冷水滴相互碰撞产生的。

巨大的云团中有许多小冰粒、小冰晶。随着气流上升下降，它们周围还有许多冷水滴。

当小冰粒、小冰晶和冷水滴之间相互碰撞，发生摩擦时，就产成了电荷和电火花……

当大量的电荷积累到一定程度时，就会突然释放，变成了一道道闪电和惊雷从天而降。
噼啦啦！
噼里啪啦！
轰隆隆！
闪电的温度极高，能将大树劈断，甚至起火爆炸。
啊！那是雷声！是闪电四周的空气急速升温，随之膨胀而发出的声音。
光速比声速要快，所以你总是会先看到闪电，后听到雷声。快跑吧！

泡菜汁可以融化雪

天气非常寒冷或下雪的时候，防止路面结冰，保证交通安全，这点非常重要。

大多数情况下，融雪剂撒布车会在路面上撒盐。

在盐的作用下，水不太容易结冰！

但盐水流入河流中，会危害到河里生物的生命安全。

如今，城市融雪的方式发生了改变。比如用这些东西……

奶酪生产时残留的液体。

甜菜汁。

泡菜罐中剩下的液体。

这的确会有些味道，但它们造成的危害要小得多！

天暖蜘蛛会长个

你知道吗？经过一个炎热夏季后，蜘蛛的个头会随之变大。

蜘蛛喜欢吃各类虫子。虫子适合在温暖的环境下生存。
真香！虫子多了，我自然就吃得饱，个头也就变得更大了！
天气太冷的时候，蜘蛛和它们吃的虫子都没法生存，它们要找暖和的地方休眠越冬。
我可不想让蜘蛛变那么大个儿。
别担心，就算它们的个头再大，也还是会害怕你。它们会尽量离你远远的！

天气预报

通过不同的仪器可以监测天气变化。它们的读数被输入进一台大型天气超级计算机中，这台计算机经过大量运算，能做出天气预报。

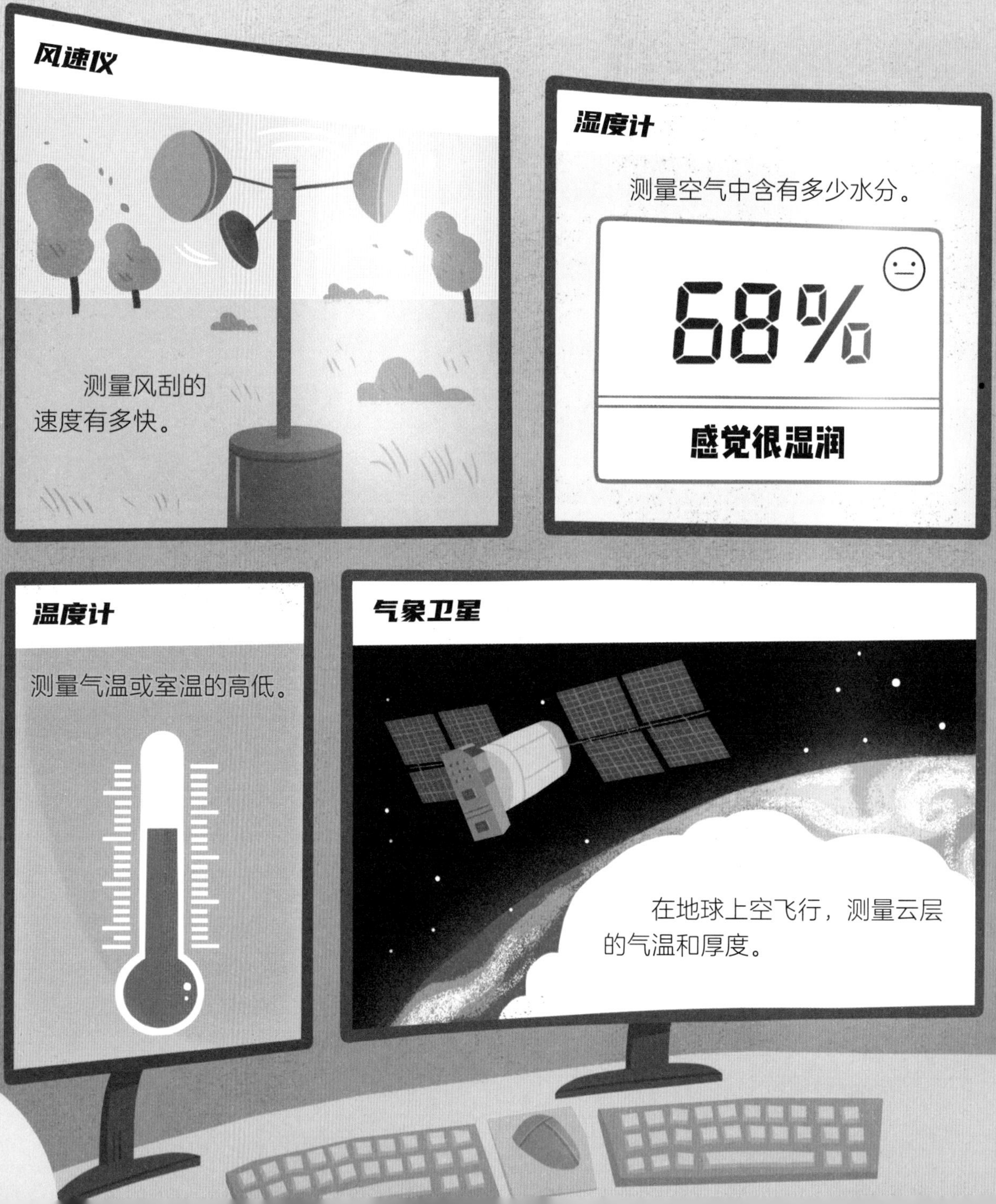

风速仪
测量风刮的速度有多快。
湿度计
测量空气中含有多少水分。
68%
感觉很湿润
温度计
测量气温或室温的高低。
气象卫星
在地球上空飞行，测量云层的气温和厚度。

雨量器

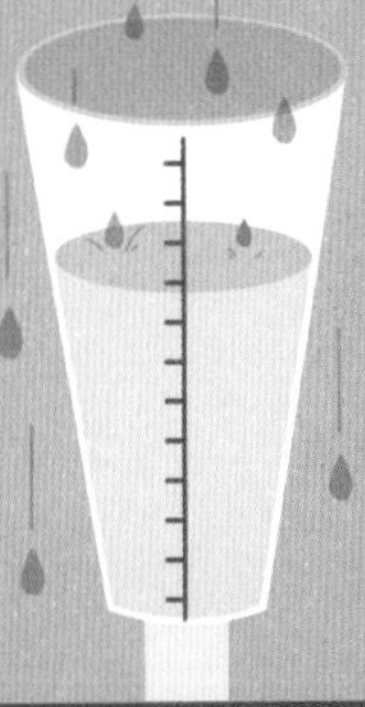

收集降水，测量降雨量有多少。

气压计

测量气压——也就是大气施加在单位面积上的力。

气压高意味着天气晴朗，阳光明媚。气压低预示着风雨交加。

气象站

建在某个地方，用到这里介绍的所有仪器，进行气象观测的机构。

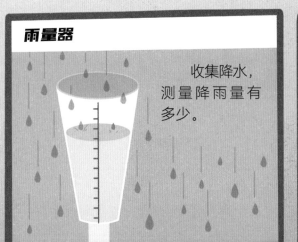

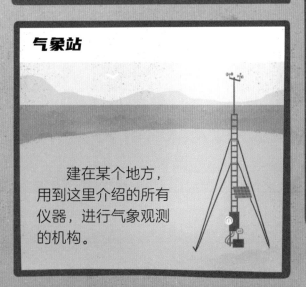

看哪，明天就要下雨了！但其实，没有这些仪器，也能预测天气……翻翻这本书，看看还有哪些方法能预测天气。

风速等级

有种方法可以测量风速有多快，只需要环顾四周看一看就行。这种方法叫作蒲福风级*，用0到17级来表示。

2级 轻风

风速6—11千米每小时

树叶发出沙沙声，你能感觉到风吹过你的脸。

5级 劲风

风速29—38千米每小时

小树摇摆，风把树叶从树枝上吹落下来。

6级 强风

风速39—49千米每小时

伞被风吹翻，大树枝摇动，海面泛起大浪花。

*蒲福风级是由英国海军上将弗朗西斯·蒲福于180
拟订的，当时只有1—12级，1946年扩展到17级。

8级 大风

风速62—74千米每小时

风把小树枝从树上吹落下来，迎风走路变得很艰难。

12级 飓风

风速超过118千米每小时

特别少见。风速极快，造成很多破坏。

10级 狂风

风速89—102千米每小时

整棵树被吹倒，建筑物遭到破坏。

天气预报员为什么要用这套标准？

因为这套标准让每个人都能轻松辨别风速的大小，也就是说，能判断外出是否安全。

天气不都从天上来

火山爆发也能影响天气的变化——造成闪电、雷鸣和倾盆大雨。剧烈的火山爆发甚至能改变整个世界的天气……

有些火山能喷射出大量的火山灰和火山石，火山灰、气体与水蒸气进入高空形成巨大的云团。
呼！
嘭！
这导致火花四溅，形成了……闪电！
还有雷鸣。
轰隆！
有时候，火山灰形成的云会与天空中的云融为一体，形成黏糊糊的火山灰雨。
够恶心的！

1815年4月5日晚上，印度尼西亚的坦博拉火山爆发。这是有历史记载以来最大规模的一次火山爆发，一连喷了4个月的火山灰。

轰隆！
厚厚的云层遮住了太阳。印度尼西亚的气温因此降低，庄稼逐渐枯死，人们遭遇饥荒。
火山灰云迅速升空，飘向世界各地。
呼哧！
我的桃树怎么啦?
1816年，遥远的欧洲和北美没了夏天。7月大雪纷飞，庄稼枯萎。
我又能感受到温暖的阳光了——哟呵！
三年来，这里的气温一直很低，农作物很难在这里生长。终于，到了1818年，火山灰烟消云散，夏季回来了。

天气之神

很久很久以前，那时候人们还不知道天气是怎么来的，很多人认为是“神”造就了这一切。

气死我了！
轰隆隆！打雷啦！
呃，我觉得今天该下雨了！
咔嚓！

宙斯是古希腊掌管雷电云雨的神。他一生气，就会朝人扔闪电。

生活在墨西哥的阿兹特克人认为，特拉洛克是他们的雨神。他有能力为庄稼浇水，决定着庄稼的生或死。

北欧的挪威人认为，打雷是雷神索尔驾着战车打仗时发出的声音。

芬兰人心中的神是乌戈，他驾驶战车在天空中飞翔时，会发出雷鸣声。

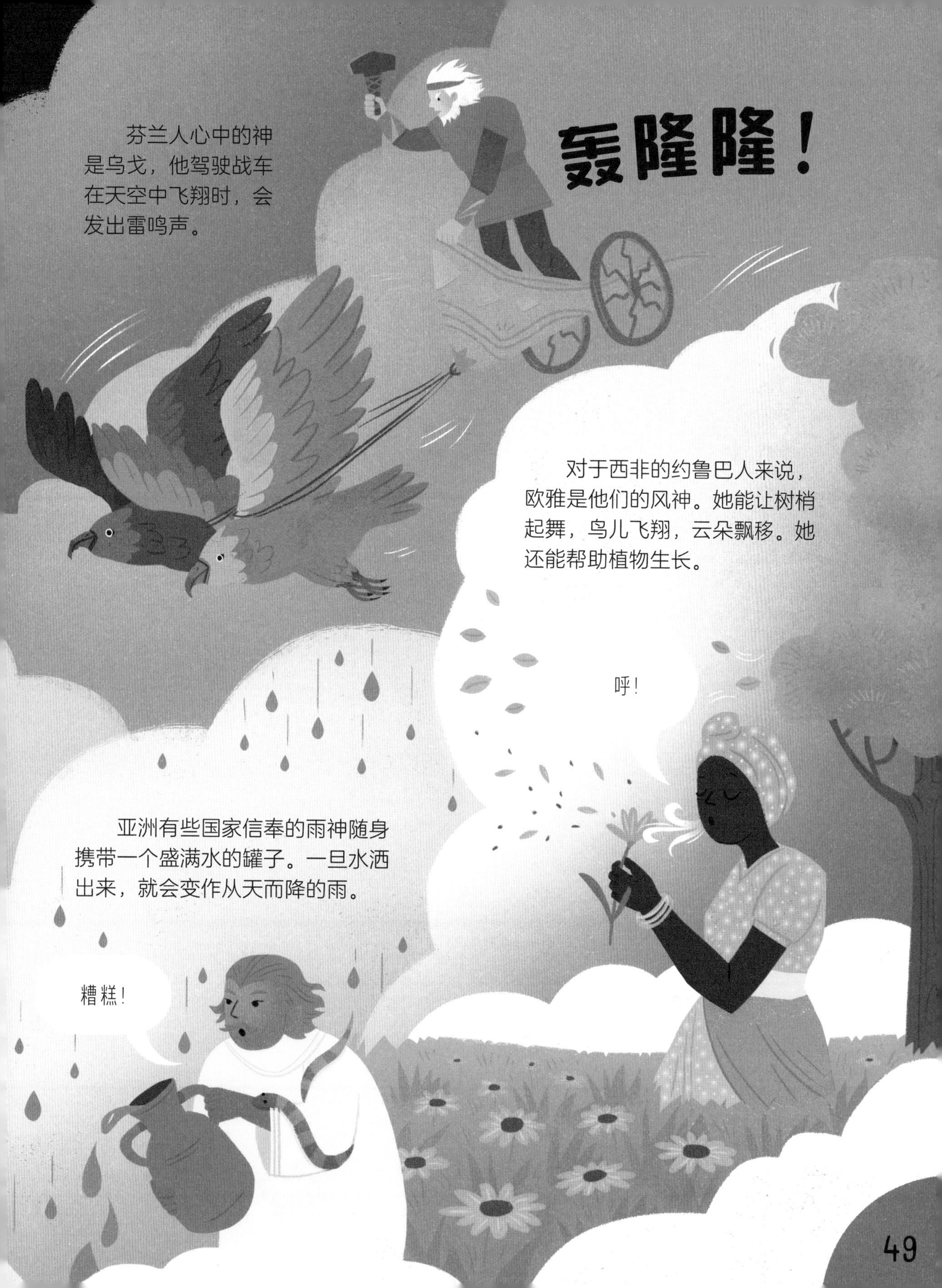

对于西非的约鲁巴人来说，欧雅是他们的风神。她能让树梢起舞，鸟儿飞翔，云朵飘移。她还能帮助植物生长。

亚洲有些国家信奉的雨神随身携带一个盛满水的罐子。一旦水洒出来，就会变作从天而降的雨。

土拨鼠预测天气

人们总是在大自然中寻找能预测天气的迹象。但有时候，这些迹象不怎么靠谱。

猜猜哪些是正确的，哪些是错误的。答案在第51页。
牛都趴下来了！一会儿就要下雨了！
噢，赶紧进屋吧，快点！

1 红色的夕阳很可能预示着第二天天气干燥，阳光明朗。

2 牛都趴下来了！一会儿就要下雨了！

3 花瓣打开，天气就会晴朗；花瓣合拢，马上就要下雨。

4 8月起了几次雾，12月就会下几场雪。

5

冬天如果月亮没被云遮挡，清晰可见，就会迎来一场霜冻。

月亮明，
霜冻来！

6

2月2日是北美地区的土拨鼠日。土拨鼠长得像大松鼠。人们会选出一只土拨鼠，给它取名土拨鼠菲尔。如果它能看到自己的影子，就说明寒冷的天气还要持续6个星期。

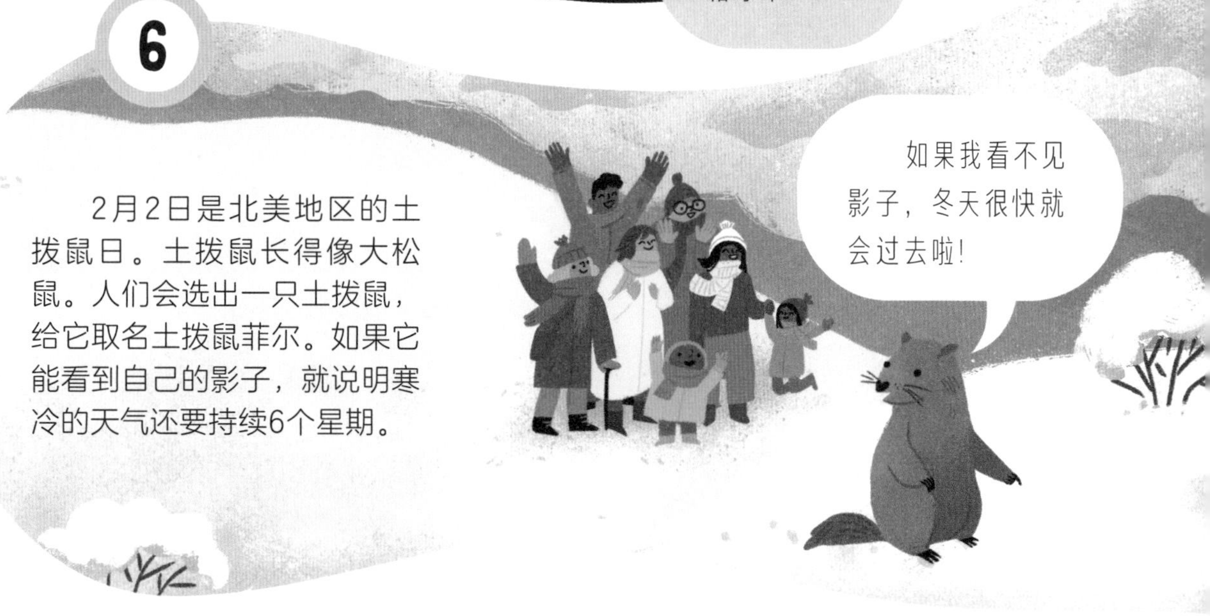

如果我看不见影子，冬天很快就会过去啦！

答案

1.正确！当微小的尘埃在空气中无法移动时，天空就会呈现出红色，这时候就会出现红色的夕阳。这种情况只会发生在空气平静、温度适中的时候——也就意味着，第二天的天气肯定很不错。

2.错误！牛趴下是因为它们需要休息。

3.正确！有些花会在下雨前合拢花瓣，这能起到保护作用。

4.错误！雾是低温、潮湿的空气在靠近地面时凝结成的微小水滴，与一年中晚些时候的降雪没有任何关系。

5.正确——嗯，算是吧……云的作用就像毛毯，能将空气中的热量锁住。冬天，晴朗的夜空通常是在气温比较低的情况下出现，所以第二天早晨很可能会有霜冻。

6.错误！自打130多年前土拨鼠开始预测天气以来，它的正确率只有39%。

冰雹越来越大

这到底是什么原因呢？是水汽变多还是气候变暖？

当小水滴结成冰时，巨大的积雨云里会出现冰雹。

冰雹在上升气流的托举下，不断升降，这让越来越多的小水滴在它上面凝结成冰，冰雹也就像滚雪球一样，越来越大……

越来越大……

最后，重量大到上升气流实在托不住时，冰雹就从云中坠落到地面。

很多汽车和工厂排出的有害气体会让空气中的热量散不出去，最终导致全球变暖，引发气候变化。

暖空气在强风的作用下，让风暴云变得更大，含水量更高。强风的吹动，让冰雹在空中停留的时间更长……

个头也变得十分**巨大**。

巨大有多大?
巨大的冰雹个头比网球还要大——我的天哪!

太阳也能产生风暴

太阳是个巨大的球体，它由温度极高的燃烧气体组成，这些气体会不断扰动、爆炸。有时候，太阳上会发生特大爆炸。这就是太阳风暴。

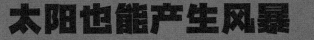

我离地球真的、真的很远。但我的爆炸给地球带来了光和热量！
砰！
呼！

太阳风暴发生时，太阳发出的高速带电粒子流会穿过太空。

大多数高速带电粒子流会被地球表面的磁场反射回来。
但有一些能穿透过来。在北极和南极，能看到这些高速带电粒子流在天空中形成的一道道美丽极光。
噢，简直太美了！
没错！在北极的极光叫作北极光，而南极的叫作南极光。

有些沙漠是湿的

你以为沙漠很干旱，对吧？其实不一定……一年中的个别时间，一些沙漠会下雨。下雨的时候，还会发生特别的事情。

这里是北美洲的索诺拉沙漠。现在是6月底，这里从1月开始就没怎么下过雨。但一切都会变的……

7月，倾盆大雨从天而降，原本干旱的沙漠变得生机勃勃。

巨人柱仙人掌鼓起身子，储存新的雨水。

吸收营养后，花草钻出地面，一丛丛鲜花开满大地。

昆虫造访花朵。

鸟类在这里下蛋，因为它们知道，这里有足够的食物供宝宝们生长。

锄足蟾成群结队地来到池塘产卵。

毒蜥出来吃吃喝喝。

天气纪录

哇！在这里你能见到有史以来最极端、破纪录的天气现象！

日照时间最长的地方

美国亚利桑那州的尤马县每天的日照时间最长可以达到13小时。

降雨量最大的地方

在印度的玛乌西卢村，每年的降雨量有惊人的11.86米。比一栋房子还要高。

最热的地方

伊朗的卢特沙漠的地表温度高达70.7℃。

哎哟！这么多雪球啊！

雪最多的地方

日本的青森市每年冬天要降约8米厚的雪，令人惊讶。

啊！我暖和不起来了！

最冷的地方

南极洲！穿好外套，因为南极东部高原的气温能降到-94℃，冻死人了。

风最大的地方

南极洲的风特别大。在联邦湾，风速通常可达到240千米每小时。

全球气候变得越来越极端。所以，很可能这些纪录在未来都会被打破。

知识加油站

冰雹： 积雨云中的水结冰后形成并降落地面的冰球。

彩虹： 天空中的一道七彩弧线，由阳光在雨滴上折射和反射形成。

风暴： 伴随强风、暴雨、冰雹、雷鸣和闪电的天气。

积雨云： 一种位于天空高处，云体庞大、颜色暗沉的雷暴云，能引起暴雨、冰雹、闪电和雷鸣。

雷鸣： 闪电使周围空气升温膨胀，强烈爆炸后产生的声音。

龙卷风： 一种管状或漏斗状，猛烈旋转的气旋风暴，直击地面或水面，所经过的区域会遭到巨大破坏。

蒲福风级： 通过观察地面或水面自然景物的变化，就可以判断风速的一种测量方法。

热带雨林： 赤道附近终年高温多雨地区的常绿森林。主要分布在南美洲亚马孙河流域、非洲刚果盆地，以及亚洲的马来群岛等地。

乳白天空： 暴雪和强风天气下，极地区域天空和地面呈现白茫茫一片的状态。

太阳风暴： 太阳上的强烈爆发活动，由气体爆炸所引起。

雾： 接近地面的厚云。

野火： 由自然或人为原因引起的森林或草原燃烧的大面积火灾。

月虹： 夜晚出现的弧线，由明亮的月光反射在雨滴上形成。